7		6	3	9	2		5	1
			8	7		4	3	2
8	3		5				9	
						2	6	3
6	1	5	2				8	
		1		8	3	5	4	9
3	9	8	1	5	4			7
	7	4		2		3		

		[illegible]	[illegible]	[illegible]	[illegible]	[illegible]	[illegible]	[illegible]
9	2	3			7		5	1
8		4	3		1		7	2
3					9	5		6
5		9				2	1	3
4			2	5		9	8	7
	9	1	7	3			2	
			9	1	6	7	3	8
7		8		4	2	1		9

6		7		1			4	
	1	9			7			2
	4	2	9				7	5
	6		1	7	3	2	8	4
				2	9	5		
7			4	8		6		
			7		1	9		3
	9			5	4		1	8
	7		3				5	6

7	1	5		2			6	
	9	8	7		1			2
2	6				8		7	
		3		5				4
		7	2		9			5
	4		1	7		8	2	
8		1				6		9
			9			2	8	
	5	2			7			

	1				9			5
9				5	4		2	8
	4	5					1	7
	9	6	3	8				1
4		2	6	9	1		8	3
		3	5	4		2	9	6
	6		8		5	1	7	
		4			3			2
	2	1					3	9

	4		3	7	5	9		
	6		4		1			
5	9			2		1		
			1	8		5		9
9			7	5	4	6		1
3	1			6	9			
					2	3	8	7
	2	6			8		1	
	3	8	5	1		2		

			2		4			
5	6		1				3	2
	9						1	7
	5		9					
4	8	6				2	9	5
9	3		5		2		7	
3		9		1	8		5	4
8	4			3				
6	1			2		9	8	

	9	5		7		8		
4	7				6	9		1
1		3			2			7
			7	3				2
	3	2	4			1		
5			9			3	7	
		7	2	8	9			
	8	4	6	1		2		3
		1						

3	7	5		8	1		2	
		4					5	6
	1	9		4			8	
1				9	4			3
9				2		5		
5	4				8			
							1	8
8	5		4	1	7		3	2
7		1	8					5

9		5				4	8	6
2		8						3
	4	6		1		7		
	3		1	8		6	4	
6		1	7				2	
4	8	7			2		3	
	5	3	4	2				9
			6			3		4
	6	4		9	1	2	7	

	1					4		6
		7	5	3				1
2	9			4		3		
5		3		2	4	8		
	4	9	8					
		2	9	1			4	5
				8	5	9	2	4
	2			6				
		8	4			1	6	

8		5		2	4		3	
			5	9	8			
			1		3		7	8
	2			5	6			4
				4	7	2		
		9		3		7	8	
2	8		6	7			1	9
5					2		4	
	3		4	1		8	5	

9	3	5		6	8			1
	4		9			7	8	
7		8		5	2			9
		4	3		1	9		8
	9	7	8	2				4
5	8			4	9	1		7
					6			3
8	6	9	5	3				
3		1		9			7	6

			8			1	9	4
9						5	3	
		3			6		7	
	3					6		
	2		1	7			4	5
5				8	2	9		
7	4	1	5				8	2
8		6			4		5	1
			7				6	

	3		4			9		
5			2		8		6	1
	6				3		2	
2	7	3		1	4		9	5
9	4	6		2	5			3
8		1	6		9			7
6						8		9
	1	9				5	7	6
	8		5			4	1	

6		4						
		9				6		7
	2		6	5		9	1	
5	6	1		9			3	
9	3		7	2				
		2		1	6		9	
7		5		8		4		
2		6						9
			9		7		2	8

						7	1	5
	7		8	9	1			4
1			5					
			3	8	6	5	4	
4	3				5		2	1
	6	5	4	1				
7				2				3
6		1				4		
8			1	4		2		

9			6		7	4		
8				9		7		
4	7		2	3		9	5	1
1				4		6		
5	6	2	9		1	8	4	3
	4			6			1	
	9		4			3	8	2
3		8	7					
2	1	4	3			5	6	7

9			7			4		8
					8	9		3
8	3						7	2
	2			7			8	
	1			5		3		6
6			3			5		7
		8		6		7		1
	9	1			7	2		5
	5	6	2				4	

	5		4		3	2		6
					5	8	3	1
8	6	3	2					5
	1	2			4			8
	3	8			6	4	9	
6	4	9					1	7
1	8			3				4
4	9	5	1			7	8	3
3				4				

	1				6	2	5	
8		6	3	2	5		9	
			1	8			6	
6		9		4			8	
	8	4		5	3		1	
5		1		6			7	2
3	6	5		1		8	2	
2	9			3			4	
		8		9	2	7		

		3	2			7	4	
4	1			9	8			3
	8	6		7			9	
3					7	9		
		9	6	5				
5	7	1		8		6	2	
6		8	7	3				
				6	1			2
1		5			9	8	7	

		5			9			7
	4	7	1	5			3	
		2	7	8			1	
4		6	5	7	1	3	9	2
		3			8	7		
			4		2		5	
					5	9		
	5	8	6	2				
	3	1		9	7	5		

	1				9	2	7	3
		2		4			9	
		5	1			6	4	
7	8	9	4		5		2	6
3							8	
			8			9		7
				7		4	6	
		6				7		
2		7	5		1	8	3	

			8		5	6		
6		1			2			4
	7		6		9	3		
2	1				4	9		3
7				9	3			
	4	9		5				
1			9	2	7		3	
		6	5			2		
	2					1	5	9

	8	1				6		5
4	6	9	1	3		7	8	
	2						3	
				7			6	
			4				5	7
		4	8	5		3	2	9
		2				4	1	8
	4		5	6		2	7	3
	7		2		4	5		

	8		5	6			9	7
5				4	7			
		7	9		3	1		
4						7	1	
7	1		6			9		
8		9	1		4	6		3
		8	7				2	4
				8		5		1
	7	2					6	9

9		6	7		3		5	8
5	3	8	9	1				4
	4			2		6	3	
	7		6		1	4	8	3
8		4		3	5			
	6	9		7	4	5		
			3		7	8		1
1	5			8				
4				6	9		2	

		2		7				3
3		8			4			2
	7				5			
	5	7	3		6			1
2	3		1	5		7	4	
8			7			3		
		5			1	2		
			4	2			5	
			5	8	7	6	9	4

		2	5	7	8		4	1
3								
7	1		4		9			6
2	5					1		
8	3	9		4	6	5	7	
6		1	7	2	5		3	8
4	9			5		6		3
		3	9		4		5	
		6			1			9

	4	6	2	3	7	1	9	
9			5	6	1		8	7
	5	7		9			2	6
		8	6	5				1
2	7		9	1	3	6	4	8
3		1			4	9		2
7				8	9		6	4
5	1	4		2		8	7	9
		9	7				1	3

						8	6	
8		1			7	5	9	
7		6		9		3		2
	7				3		5	
2		8			1		4	3
			9	2	6			1
6				8	9		3	5
4	8	7	3			1	2	9
	9	3				6		

		1	7		6		9	
8		4		1				7
7	6		9			1	5	
5			8					9
	3	9	4		7		6	
		8		9			2	
			3	7		5		1
	8		1	5				
4		5	6		2	9	7	

				5	8	6		3
		3						5
	5	8	4	9		7		
		5	7				3	2
8		7						
3	2		9	8			5	7
1		4	2				6	9
7	3	6	5	4			1	
5				6				

5		9	8			6		4
		2			6			3
8	3	6	7		5	2	1	
	7				8		2	
	6	8	4	5	1			7
	5			7		8		1
4		3	6					
6	2		9	1				
1					4	9	3	

						8	4	
5				4	9	1	7	
			5		1			9
	4			8		5		
2		5	7	3	6	4	1	8
8						2		
		6	9	1			8	
9			2			3		4
	2			6	8		5	1

6	9		4				1	
		1	9	7	6			4
		4		3		9		
3	7		5			4		
4	1	2				5		
5	8	9		2	4	1		
	4	5	6	8		3		
2		8	1	9				
1	6			4	3	8	5	

	5							4
	8	2		4			3	
		4	3		5		8	
		1					2	9
8		9				1	7	
2			1			8		5
	7	8	5			4	1	2
	9	5	2	1	8	7		3
1				3	4			

	2		7			9	6	
4		5					2	
7	9							8
	4		1	3		6		
							9	
1	7		8			4		2
	8					5		
6		4	5			2	7	
9	5	1	2	7	6	8		

			7		3			
		2	5		8			
		6		2	1	8	9	7
1	3	7		4	5		8	
	6		3	8		9	7	1
	2		1		6			3
	8	3						9
	4				7		1	8
6				5		2	3	4

1								3
	9	4	2					
7			8	1			5	
	4		3	7			8	
6		7	4	9		3		5
	8	9		2				7
5				3		2	6	8
9		8		6	7		3	4
4		3		8	2		7	1

9	4		6	3				2
	1							
		3			1		4	
			9	6	5	4	2	
4		2		8		5	9	
				2	4	8		3
1		9		5	7	2	8	
7				1		9	6	
5		8	4			7		

7		1			3			
5			7				1	
	9				2	8	7	4
	2		5	1				6
1	5	9			8	4	2	
				7		1	5	8
			6	2		5		9
2	6		9	3		7	4	1
					7	6		2

6				2	5	3	8	1
2		4			1	5	6	
5				6				4
3	8		7				5	
	5	2		3				
	7				9	1	3	2
7							9	
	6			7	3		1	
1			5		8		7	6

			2		5			8
3				9		7		5
	2	5			1	6	9	3
6	3	1		4				9
8	7	9	3		6	2		1
2	5			1			7	
					3		8	7
5		3			7	1		2
7	8			2				4

2		1	5				3	
8			9	3	2		4	
4		3	6				9	5
5			7	6	1			
						7		
		7			3	5	2	4
7		8		2	9		5	
9	1	5			6			
	3		4	7				9

2		5			9	8	3	
8	9		7			6		5
3	6				8			1
7	4		9		3			
6	1		2		5		9	
	5				1	3	4	6
		9	3			1		
5		6	1	9	7			
		7	4		6		5	9

2		1	9	7	6			
			3			4		
9		3	2			6		
	7		5	6			8	3
8	1				3		9	
		5	1	8	2		6	
	3	8		2		9		7
7	5			9	1	2		6
		9			7	8	4	

Puzzle 1

8	3	5	9	4	2	6		
7	6		1		3		8	
9	4		8				2	
	7	9	5	2	8		3	6
1	8		4		9	2	5	
5		6			7	8	4	9
2	5	4			1			
6	9		2		4		1	
				9			6	

Puzzle 2

8		7		4		6		
	1						4	8
5	3		6	8	7	9		
		9				3		
1	6	8		5	3			7
3	4	5				2		1
7	8		4	6			3	
			7	9				4
4		1				5	7	6

Puzzle 3

7	4		3	6				9
9					2	1		
5				8		6		4
2			8			9		6
4	3	9	6					
		6	2	9	4	5	3	
6					1	3		
			3			7	6	5
3	8		5	2	6		9	1

Puzzle 4

2		1					6	
3	4		8		6	5		
9							7	
			6			1	4	9
8	9	4			5	7		
1	6		4		7	8		
6	3	5	2			9		7
	1	8		6		2	3	5
	2			3	8	6		4

Puzzle 5

		7	9	1		4		
9		1		8	7			
	2	3		4	1	9		
			8			2	3	
	3		6		7			
	8	9	2		5		4	
7	9	8	4	2	3	5	1	6
	1							
3		2			6		7	

Puzzle 6

7	5		2	4				3
3			1	9	7		4	5
	9	4	5	6		8		1
							5	2
			9		2			6
1	3					4		
8			4		6	5		
6	2			5		1		
5	4			2	1	9	6	8

Grid 1

	1	8	6	2		4		
			9		1	8		
	4	2	3	8			6	9
		5		9	3	6	1	
1	2	7	8	5		3		4
			7		4			
3	9	1		7	8	2	5	
			1					
			3		9			1

Grid 2

9	8	1				3	4	
3	7	5	8		2	1	9	6
		6		1	5			8
	6	8	7		9			
	3			5	6	7		9
		9					2	
	9	7	2		4		6	1
		3				2		
	2	4		6	7			

Grid 3

	7	4		9		8		
	3		7		6			1
1				8	3	6	7	
4		3			2	6		
	6	7		3	5	2	1	4
	1			8	4			3
				1	7	9	4	
					9	1		
2				6	3		5	

Grid 4

	9			5		4	3		1
		3	2	7	1	5	8	
	1	7		8		2		4
			3		1	4	6	
	4		1			7		
1	7		4	2	5	9	3	
7				1				3
	3			5	8			
	2			4		8		

Grid 5

1					6			
2	9		8					5
4				9	2	8		
	4				3			7
7			6		4	2	5	
	3	1		8			9	
						3	1	6
3	1	7			8	5	2	
			1	3	5			

Grid 6

	4		2	6				5
	6	2	9		5	7		
5		8	4	1				2
	5		8		9	1		3
8				2	6	4	7	
2	9	7						8
		6	3	4		2	5	
7	1		6	9	2			
	2	3	7	5	8	9		

	1	3		4				
	8	7			9	4		5
	9	5	8	2				7
5	2	1				7	9	
	6		3		1		5	4
	7	4		9				6
	5		9		3	6	4	
	4	6		5	7	3		9
9	3	2	6			5		

8			4			2	7	
2	3		8				4	5
4		7	5			9		8
	7	1				5	8	
9			1			7	3	
5			9					2
7	5		6		4		9	
	2	3	7	9	1			4
1				8			2	7

9		3	7	1	8			
	1	6		4			9	
	2		6					
3						9		
	4	1			6	5		
5		7		8	4		2	6
1	7	2	4	3				9
		5	9	2	7	4	1	3
								2

3		4		8			7	1
1		2		7	4			
7				5		4	9	2
	2	9	8			1	4	
8	7	6		4	9		5	3
			7			8	6	
			5			6		
	8	5	6			7	1	4
		7	4					5

2		1			9	3	7	
9		7			8	5		
5	6		1	3	7			
3		2		4	1	8	6	
8		9		7			2	4
				9		7		5
	9		6		5		1	7
6	1			2	3	4		
	2			1			5	

4			6		9	5	3	
	9	3				1		
					5			
	3			4				6
1	5		2	9	3	8		
	4	8				3		1
	6		3	5			7	9
	2	5	9					3
	1	9		6			8	5

Puzzle 1

			9	3		5		
		1	2	6		4	8	
6	8		4			9		
4	6			7	9	8	3	
5	3				6		7	9
9			8	2	3			
	5		3			7		2
				9	2	1		8
8		6		5				4

Puzzle 2

6		9		8	2			
3	2				7		9	
8	4	7			1	5		2
		4		2			1	6
	6			9				3
7						8	4	9
2	8		4		9		7	5
1	9	5		7	3			
						6	9	

Puzzle 3

	1			3	5		7	8
9						6		
	5	3		8	7	9		1
	6	4		7	1		3	
	7		5	6			8	
5	3	2	8	4		7	1	6
				9			5	
	2	1		5	6			3
3			7			8		4

Puzzle 4

1	2	4		9			7	6
	5		1	7			3	
5			9		7		2	
7	9	6		1			4	5
2	4	1	5	6				
9			6	2			5	
4	1		8	3				2
6		2			4	1		

Puzzle 5

8		4		6	9			7
	6		8		2	3	9	
3	2	9			5	4		6
			2			7		
			9				6	2
	9	8	7					
	3	7		2	8	9	1	
9	8	2	5		1			4
	5		6			2	3	8

Puzzle 6

9			3				8	
						5	9	7
	5		1	9	8	4	3	
1				2				
	7		8	3				
3	4		7		9	2	6	
	6		9	8	3		5	
	1	3	4	6	7	8	2	9
	8			2	1	3	7	6

				4	9	3	7	
						6	5	
6	9	3					1	4
2	6		9		1			5
			5		8	7		
5		9	2		4		6	
		5	4					6
9								
8	2	1	3	5	6			

			4			2		
	5		7	1			4	
3		8		9			5	1
			3		8			
2					9	4	3	7
		3	1				2	
		7	5	6			9	2
1	9		8			6		5
5	2	6		7	1		8	

7	9	1	4			6		
6	3	4	2					
			1		6	9		4
3		7	8		2			
	6			3	9	2		7
	2	5	7		4		8	3
5				4	7			
2	7	6			1		5	
4			6	2	5		7	

	5	8	6		3	7		
	6			4		1	9	3
		3	2	7				
2			9		7			1
1			3					
	9	7	1			5		2
	4		8	3	1			9
8		9				3		5
	2		7		5		4	

7				9	8		6	
3		8	2			7	9	4
	9	6			3	5		1
9	8						4	
	7		8		4			
4		1	9				3	
	3	5	7				2	
		9	6	8			7	3
8	4		1	3	2			6

	4	5	6				1	3
8	3	7		4	5		6	
1			8	9				
	5		4				3	
	1	4				2	8	
6	9			1	2		4	5
4	7	9	5		8	3	2	
2		1		3		5		8
		3	2	7				

Puzzle 1

7	4		1			8	2	
3		6	7		9	5		
						7	9	6
1					8	9	5	
8	3		2				1	7
9	6			7				
5					7	4	6	2
	9	7	6		2	3	8	5
			5	8		1	7	

Puzzle 2

			4			7		1
	8					4	6	5
	7			1	6	2		
9					4		5	8
6		1		8			4	
	3		1	5		6		7
						5	8	
2				8		3		4
		9	8	7		1		2

Puzzle 3

			3	4				5
		2			5		4	
4	5		9	7	8			
5	2		7		1	6	9	4
	4	1				8		
		8	4	6			2	
8	1			4			7	9
		9	8	5				
3	7	4		2	9	8		

Puzzle 4

2				9			3	
	9				7			5
		4	5		1	2		6
	2			7	9	4		1
	3			2	5		8	
1			4		8		2	
7					2	9	6	
		8					7	2
		2	7			5		

Puzzle 5

		9		8		5		7
3	1		7		6		4	
2	7					6	8	1
							7	
			6		8		1	
7	8			3				
8			4		3	7		
	5		8		2	3	9	
4	6	3	5					

Puzzle 6

	2	1	6			9	3	5
	6	9	1	5	3		2	8
	5							
1	7	6		9		2	5	3
9		5	7	2	1	6	8	
2		8		6	5	1	9	
3	8			1		5	4	6
6			5	3		8		
5	9		4	8		3	1	2

Puzzle 1

	6		8	9		4		
3			2	4	1	6	5	7
							9	2
9		3					6	5
7	5	8		1	6			
1		6	3	5		9		8
5	3			8	4	7		9
6						5		
	9			3	7		4	

Puzzle 2

		6	4	8		7	3	9
2		7	5				6	
				6		1		5
	2	1	6		8	9		3
8					5	6		4
	5	4		7	9			
						5		7
			8				4	1
4		5		3		2	9	6

Puzzle 3

			4	6	2			9
			7	1		3		
7	4				9		2	
	7		1	5	3	8		
9			8	7	4	2	1	
1				9			4	5
		4			8			
		7						
	6	1	9	2			5	8

Puzzle 4

	5	8	4	7				
4						7		
		3	2	5		1		
3	6	4					7	1
	2			1	5	8		4
1						6	9	2
					9		1	7
					2			9
			1	6	7	3		5

Puzzle 5

4	1				5			
3			1		8		5	2
5				2			1	
		8	5	4	2	7		
	2	5	7			8		4
7	9	4						5
	5	3	6		4	2		
	6	1	8		7			
	4					5	6	8

Puzzle 6

4		2			6	9	7	
	9	1	7		4			8
				1	3	2	5	4
	5		4					
1			2	3	8			
	4	3	5					2
	1		3	8	5			7
	2		6		7			
					2	8		5

	5	9						6
			7		1	4	2	9
	2			3		7	5	8
	8	2	5		9			
					8			4
		7		6		1		5
5				4	3			1
	6	3	1					
9	4	1	6					2

4		8		9	6		2	
3		9		5	1		6	8
		1	8				3	9
			1					
7	9				8		1	
8				6	9	2	7	5
	3				5		4	
	8	4						6
6	2	5		4		1	8	7

8			6	1			3	
1	4	3					7	
			3	4	2	8		
	8	2	4			7		5
	5			7			8	3
7	3	9	1	8	5	6		
5	7						4	8
	9			5		3		7
		8			4	5		

		8		5			3	4
				6	7			5
	6			3		7	2	
8		6				2	9	1
9			2	1	5	8	7	6
7	2		6					3
6	9	5		8	3	1	4	2
2	1	7	5			3		9
			1	2			6	

4					2			
5	9	8	1	4			7	
3	6	2	5	8		9	1	
	8	5						
9		6		7	5	2	4	1
			6					
		7	2					6
6					9			8
2	1	9	7					

9			2	4	5			8
			7		3			
2	4	1			6	5		
5			4				2	
								1
4		9				7		6
8	9	5				3	7	4
		4			9		6	5
1	6	7	3		4	9		

Puzzle 1

					8	2	7	
					9			1
			6	1	9			4
8	1		9		3		2	6
	3	9		5		1	4	8
				2		7		
5			1	6		3		7
	7		5		2	6		9
1		6				4	5	

Puzzle 2

	1	5	8	9	7			
9	8		2	5	6		1	
				1		8	5	
						5	9	8
8		1		3			4	
5					2	6	3	
1	5				8	3	7	
	3	8	4	7		2		
	9		5		3			8

Puzzle 3

			8	5	7			9
					7			
9		7		1	3		8	
5	9				8		7	
7	6	8				3	2	4
1	3		4	7	6		5	8
		9	7	8				
4	7		9		2		6	
	2			6		5	9	7

Puzzle 4

2				6		3		7
	8		7	2	3		4	5
		9		4	5			6
6	7					2	5	3
		3					9	
9		5		3			8	
5		1						8
3			6			8	5	
			9		4		3	2

Puzzle 5

			1			3		
	9	7		5		6		
3		1		2			4	
6	2	8	7			9	5	4
	5	3	9			7		
	7	9		6	5		1	3
9	4	6				2	7	
					7	1		5
			6		2			

Puzzle 6

	1	4	2				9	5
	2	7		5	8	3		4
		3		9	1	2	7	6
2						5	4	3
		1	9		5	7	6	
5	7			2	4	1	8	9
4		2	8					
1		5	7	3	9	4	2	8
7			5					

7	5		8	6	1			
1	2	4		5	3		6	
3		6	2		4	9		1
		2				5	4	
4	7							9
	9	5	1				7	2
2		1					8	5
	6	7	3	8		1		4
				1	5			

3							6	1
6			1	5	3			8
1	4		6		2	3	5	7
5		7	3	1		6	4	
9			7		8			5
2		3		4	6			
	9				5	7		4
							9	
4		5	9		1		8	6

	3		8					
			7	6	2		5	
5			1			2	9	6
							3	
6			4	5	9		8	
	7	5		3		4		
7				1	4		6	2
9		2		7	8	5	4	
3	1	4						

			5			3	8	
9				7	8	2		
				4	6		7	
7			1			5		
1					7	9	6	
	2	3				4		7
5	7			2	9			1
8	1		4			7		
3			7	8			5	

	2	6			5		1	8
	5	7	8	1		6		3
1				6	2			
	4							9
	7	3	5		6			
			7	9	8	4		
8	3		9			2	4	
	6			8				
	9		6	3		8		7

	4		7			6	8	
1		2				7		
8	7		6		3		4	
	5				1		2	
	8		4	2	9	5	6	3
	9	6			7	4	1	
		7		4	6		5	1
4		5		9	8			
6	2			7	5			4

Puzzle 1

9	3	6	8				2	4
		2		9				
5	7	4			3			9
	2				1		9	
	6					3		1
1	4			8	6	2		7
6				5	7			
		7	1				3	
			6			8		5

Puzzle 2

	4	1				8	6	7
						1		
						3	9	1
		5		7	8		2	
	1	3	4	5				
9	8			1			4	
1	2	9		8	4	3		6
8	5			3		2	9	
						5	1	

Puzzle 3

1		6	8	2	9			
	5			6	3	9	8	
		8			5			2
			6		2			
		1			4	6		9
				5	8		2	7
	7			8				
5		9	2	4			1	
		2	5		6		4	8

Puzzle 4

							2	4
4			1	5				8
3	1	6	4		2			
6			9	7	4		3	2
5		3	2	6		4	1	
	4							
7	6	8	5	3		2		
	9		7	2				
						1	9	

Puzzle 5

7			6	5	9	4	3	
				1	5	2		
5		6				7	9	8
				7	3			
	4	9	1					2
2	5	7		6	3			9
	9		7		8		6	
8					6			7
6	7	3		1	4			

Puzzle 6

	4		7	8	1	5		3
7		1			3		8	4
8	5		6					
	1	7		5			4	9
4	2	8	9					1
	3		4					
		4		3		6	1	5
1	9							7
	8				7	2		

Puzzle 1

5		1		3	8		9	
			5	4		1	8	
	3	8				5		2
3	1	6				7	2	4
8	4	2		1		9		
		5	4	2			6	
				4	2			9
1	8	3				6	4	7
			1	7				8

Puzzle 2

2			7				4	1
4		5			8			
3				1	6	8		
5					7	6	2	
			5	6	4			
8			1	3				4
6	3		8			2		5
7	8			5		4	3	6
	5	2						7

Puzzle 3

	1	5		7	3			
7	6	3	2			1		8
	9		1	8		7	3	5
		8	5	9	1		7	2
9		7	8		4	5	6	
			6	2	4			
			2	9	8			4
5			4	1	7	6	2	
	3		6			9		

Puzzle 4

	5	2			8			
	1			9	2	6		5
4				5	3			
							9	7
		7	3		9		1	6
		9			7	8	3	
6	7	8		3		4		
2	9	1	6					8
		4			1		6	9

Puzzle 5

	7	3			2			
1				9			4	6
	6				3	7	2	8
	4	6			8	9		
								3
	3		9		4			1
		8	2	5	7	6		4
6	5	4	3				9	
	2	1	6	4	9	5		

Puzzle 6

		2	5	1		7		
			2	8		1		9
1			6	9		5		2
		5		4		9	1	7
4	2	9	1		8		5	
	1	3	9				8	
5		1						
	9			3	1			5
6			7		9	8	2	

Solutions

7	4	6	3	9	2	8	5	1
1	5	9	8	7	6	4	3	2
8	3	2	5	4	1	7	9	6
9	8	7	4	1	5	2	6	3
4	2	3	9	6	8	1	7	5
6	1	5	2	3	7	9	8	4
2	6	1	7	8	3	5	4	9
3	9	8	1	5	4	6	2	7
5	7	4	6	2	9	3	1	8

1	6	7	8	2	5	3	9	4
9	2	3	4	6	7	8	5	1
8	5	4	3	9	1	6	7	2
3	8	2	1	7	9	5	4	6
5	7	9	6	8	4	2	1	3
4	1	6	2	5	3	9	8	7
6	9	1	7	3	8	4	2	5
2	4	5	9	1	6	7	3	8
7	3	8	5	4	2	1	6	9

6	3	7	5	1	2	8	4	9
5	1	9	8	4	7	3	6	2
8	4	2	9	3	6	1	7	5
9	6	5	1	7	3	2	8	4
1	8	4	6	2	9	5	3	7
7	2	3	4	8	5	6	9	1
4	5	8	7	6	1	9	2	3
3	9	6	2	5	4	7	1	8
2	7	1	3	9	8	4	5	6

7	1	5	3	2	4	9	6	8
3	9	8	7	6	1	5	4	2
2	6	4	5	9	8	3	7	1
1	2	3	8	5	6	7	9	4
6	8	7	2	4	9	1	3	5
5	4	9	1	7	3	8	2	6
8	7	1	4	3	2	6	5	9
4	3	6	9	1	5	2	8	7
9	5	2	6	8	7	4	1	3

2	1	8	7	6	9	3	4	5
9	3	7	1	5	4	6	2	8
6	4	5	2	3	8	9	1	7
7	9	6	3	8	2	4	5	1
4	5	2	6	9	1	7	8	3
1	8	3	5	4	7	2	9	6
3	6	9	8	2	5	1	7	4
5	7	4	9	1	3	8	6	2
8	2	1	4	7	6	5	3	9

2	4	1	3	7	5	9	6	8
8	6	3	4	9	1	7	5	2
5	9	7	8	2	6	1	4	3
6	7	4	1	8	3	5	2	9
9	8	2	7	5	4	6	3	1
3	1	5	2	6	9	8	7	4
1	5	9	6	4	2	3	8	7
7	2	6	9	3	8	4	1	5
4	3	8	5	1	7	2	9	6

1	7	3	2	5	4	8	6	9
5	6	8	1	9	7	4	3	2
2	9	4	8	6	3	5	1	7
7	5	2	9	8	6	3	4	1
4	8	6	3	7	1	2	9	5
9	3	1	5	4	2	6	7	8
3	2	9	6	1	8	7	5	4
8	4	5	7	3	9	1	2	6
6	1	7	4	2	5	9	8	3

2	9	5	1	7	4	8	3	6
4	7	8	3	5	6	9	2	1
1	6	3	8	9	2	5	4	7
8	1	9	7	3	5	4	6	2
7	3	2	4	6	8	1	9	5
5	4	6	9	2	1	3	7	8
3	5	7	2	8	9	6	1	4
9	8	4	6	1	7	2	5	3
6	2	1	5	4	3	7	8	9

3	7	5	6	8	1	4	2	9
2	8	4	3	7	9	1	5	6
6	1	9	2	4	5	3	8	7
1	2	7	5	9	4	8	6	3
9	6	8	1	2	3	5	7	4
5	4	3	7	6	8	2	9	1
4	3	2	9	5	6	7	1	8
8	5	6	4	1	7	9	3	2
7	9	1	8	3	2	6	4	5

9	1	5	2	7	3	4	8	6
2	7	8	9	4	6	1	5	3
3	4	6	8	1	5	7	9	2
5	3	2	1	8	9	6	4	7
6	9	1	7	3	4	5	2	8
4	8	7	5	6	2	9	3	1
1	5	3	4	2	7	8	6	9
7	2	9	6	5	8	3	1	4
8	6	4	3	9	1	2	7	5

3	1	5	2	7	9	4	8	6
4	8	7	5	3	6	2	9	1
2	9	6	1	4	8	3	5	7
5	7	3	6	2	4	8	1	9
1	4	9	8	5	7	6	3	2
8	6	2	9	1	3	7	4	5
6	3	1	7	8	5	9	2	4
9	2	4	3	6	1	5	7	8
7	5	8	4	9	2	1	6	3

8	1	5	7	2	4	9	3	6
3	7	6	5	9	8	4	2	1
9	4	2	1	6	3	5	7	8
7	2	3	8	5	6	1	9	4
1	5	8	9	4	7	2	6	3
4	6	9	2	3	1	7	8	5
2	8	4	6	7	5	3	1	9
5	9	1	3	8	2	6	4	7
6	3	7	4	1	9	8	5	2

9	3	5	7	6	8	2	4	1
2	4	6	9	1	3	7	8	5
7	1	8	4	5	2	6	3	9
6	2	4	3	7	1	9	5	8
1	9	7	8	2	5	3	6	4
5	8	3	6	4	9	1	2	7
4	7	2	1	8	6	5	9	3
8	6	9	5	3	7	4	1	2
3	5	1	2	9	4	8	7	6

2	6	5	8	3	7	1	9	4
9	8	7	2	4	1	5	3	6
4	1	3	9	5	6	2	7	8
1	3	8	4	9	5	6	2	7
6	2	9	1	7	3	8	4	5
5	7	4	6	8	2	9	1	3
7	4	1	5	6	9	3	8	2
8	9	6	3	2	4	7	5	1
3	5	2	7	1	8	4	6	9

7	3	2	4	6	1	9	5	8
5	9	4	2	7	8	3	6	1
1	6	8	9	5	3	7	2	4
2	7	3	8	1	4	6	9	5
9	4	6	7	2	5	1	8	3
8	5	1	6	3	9	2	4	7
6	2	5	1	4	7	8	3	9
4	1	9	3	8	2	5	7	6
3	8	7	5	9	6	4	1	2

6	5	4	1	7	9	2	8	3
8	1	9	4	3	2	6	5	7
3	2	7	6	5	8	9	1	4
5	6	1	8	9	4	7	3	2
9	3	8	7	2	5	1	4	6
4	7	2	3	1	6	8	9	5
7	9	5	2	8	3	4	6	1
2	8	6	5	4	1	3	7	9
1	4	3	9	6	7	5	2	8

3	8	9	2	6	4	7	1	5
5	7	2	8	9	1	3	6	4
1	4	6	5	3	7	9	8	2
2	1	7	3	8	6	5	4	9
4	3	8	9	7	5	6	2	1
9	6	5	4	1	2	8	3	7
7	9	4	6	2	8	1	5	3
6	2	1	7	5	3	4	9	8
8	5	3	1	4	9	2	7	6

9	2	1	6	5	7	4	3	8
8	3	5	1	9	4	7	2	6
4	7	6	2	3	8	9	5	1
1	8	3	5	4	2	6	7	9
5	6	2	9	7	1	8	4	3
7	4	9	8	6	3	2	1	5
6	9	7	4	1	5	3	8	2
3	5	8	7	2	6	1	9	4
2	1	4	3	8	9	5	6	7

9	6	5	7	2	3	4	1	8
1	7	2	6	4	8	9	5	3
8	3	4	1	9	5	6	7	2
5	2	3	9	7	6	1	8	4
4	1	7	8	5	2	3	9	6
6	8	9	3	1	4	5	2	7
2	4	8	5	6	9	7	3	1
3	9	1	4	8	7	2	6	5
7	5	6	2	3	1	8	4	9

9	5	1	4	8	3	2	7	6
2	7	4	6	9	5	8	3	1
8	6	3	2	7	1	9	4	5
7	1	2	9	5	4	3	6	8
5	3	8	7	1	6	4	9	2
6	4	9	3	2	8	5	1	7
1	8	7	5	3	9	6	2	4
4	9	5	1	6	2	7	8	3
3	2	6	8	4	7	1	5	9

4	1	3	9	7	6	2	5	8
8	7	6	3	2	5	1	9	4
9	5	2	1	8	4	3	6	7
6	2	9	7	4	1	5	8	3
7	8	4	2	5	3	9	1	6
5	3	1	8	6	9	4	7	2
3	6	5	4	1	7	8	2	9
2	9	7	5	3	8	6	4	1
1	4	8	6	9	2	7	3	5

9	5	3	2	1	6	7	4	8
4	1	7	5	9	8	2	6	3
2	8	6	3	7	4	5	9	1
3	6	2	1	4	7	9	8	5
8	4	9	6	5	2	1	3	7
5	7	1	9	8	3	6	2	4
6	2	8	7	3	5	4	1	9
7	9	4	8	6	1	3	5	2
1	3	5	4	2	9	8	7	6

3	1	5	2	4	9	6	8	7
8	4	7	1	5	6	2	3	9
6	9	2	7	8	3	4	1	5
4	8	6	5	7	1	3	9	2
5	2	3	9	6	8	7	4	1
1	7	9	4	3	2	8	5	6
7	6	4	3	1	5	9	2	8
9	5	8	6	2	4	1	7	3
2	3	1	8	9	7	5	6	4

4	1	8	6	5	9	2	7	3
6	3	2	7	4	8	1	9	5
9	7	5	1	2	3	6	4	8
7	8	9	4	1	5	3	2	6
3	6	1	2	9	7	5	8	4
5	2	4	8	3	6	9	1	7
8	5	3	9	7	2	4	6	1
1	9	6	3	8	4	7	5	2
2	4	7	5	6	1	8	3	9

4	9	3	8	1	5	6	7	2
6	8	1	3	7	2	5	9	4
5	7	2	6	4	9	3	1	8
2	1	5	7	6	4	9	8	3
7	6	8	1	9	3	4	2	5
3	4	9	2	5	8	7	6	1
1	5	4	9	2	7	8	3	6
9	3	6	5	8	1	2	4	7
8	2	7	4	3	6	1	5	9

3	8	1	7	2	9	6	4	5
4	6	9	1	3	5	7	8	2
5	2	7	6	4	8	9	3	1
8	3	5	9	7	2	1	6	4
2	9	6	4	1	3	8	5	7
7	1	4	8	5	6	3	2	9
6	5	2	3	9	7	4	1	8
9	4	8	5	6	1	2	7	3
1	7	3	2	8	4	5	9	6

2	8	3	5	6	1	4	9	7
5	9	1	8	4	7	2	3	6
6	4	7	9	2	3	1	8	5
4	3	6	2	5	9	7	1	8
7	1	5	6	3	8	9	4	2
8	2	9	1	7	4	6	5	3
1	5	8	7	9	6	3	2	4
9	6	4	3	8	2	5	7	1
3	7	2	4	1	5	8	6	9

9	2	6	7	4	3	1	5	8
5	3	8	9	1	6	2	7	4
7	4	1	5	2	8	6	3	9
2	7	5	6	9	1	4	8	3
8	1	4	2	3	5	9	6	7
3	6	9	8	7	4	5	1	2
6	9	2	3	5	7	8	4	1
1	5	7	4	8	2	3	9	6
4	8	3	1	6	9	7	2	5

5	6	2	8	7	9	4	1	3
3	9	8	6	1	4	5	7	2
4	7	1	2	3	5	9	8	6
9	5	7	3	4	6	8	2	1
2	3	6	1	5	8	7	4	9
8	1	4	7	9	2	3	6	5
7	4	5	9	6	1	2	3	8
6	8	9	4	2	3	1	5	7
1	2	3	5	8	7	6	9	4

9	6	2	5	7	8	3	4	1
3	8	4	6	1	2	7	9	5
7	1	5	4	3	9	2	8	6
2	5	7	8	9	3	1	6	4
8	3	9	1	4	6	5	7	2
6	4	1	7	2	5	9	3	8
4	9	8	2	5	7	6	1	3
1	2	3	9	6	4	8	5	7
5	7	6	3	8	1	4	2	9

8	4	6	2	3	7	1	9	5
9	3	2	5	6	1	4	8	7
1	5	7	4	9	8	3	2	6
4	9	8	6	5	2	7	3	1
2	7	5	9	1	3	6	4	8
3	6	1	8	7	4	9	5	2
7	2	3	1	8	9	5	6	4
5	1	4	3	2	6	8	7	9
6	8	9	7	4	5	2	1	3

9	3	4	1	5	2	8	6	7
8	2	1	6	3	7	5	9	4
7	5	6	4	9	8	3	1	2
1	7	9	8	4	3	2	5	6
2	6	8	5	7	1	9	4	3
3	4	5	9	2	6	7	8	1
6	1	2	7	8	9	4	3	5
4	8	7	3	6	5	1	2	9
5	9	3	2	1	4	6	7	8

2	5	1	7	3	6	4	9	8
8	9	4	2	1	5	6	3	7
7	6	3	9	4	8	1	5	2
5	4	2	8	6	3	7	1	9
1	3	9	4	2	7	8	6	5
6	7	8	5	9	1	3	2	4
9	2	6	3	7	4	5	8	1
3	8	7	1	5	9	2	4	6
4	1	5	6	8	2	9	7	3

2	7	9	1	5	8	6	4	3
4	1	3	6	7	2	9	8	5
6	5	8	4	9	3	7	2	1
9	6	5	7	1	4	8	3	2
8	4	7	3	2	5	1	9	6
3	2	1	9	8	6	4	5	7
1	8	4	2	3	7	5	6	9
7	3	6	5	4	9	2	1	8
5	9	2	8	6	1	3	7	4

5	1	9	8	3	2	6	7	4
7	4	2	1	9	6	5	8	3
8	3	6	7	4	5	2	1	9
9	7	1	3	6	8	4	2	5
2	6	8	4	5	1	3	9	7
3	5	4	2	7	9	8	6	1
4	9	3	6	8	7	1	5	2
6	2	5	9	1	3	7	4	8
1	8	7	5	2	4	9	3	6

1	7	9	6	2	3	8	4	5
5	6	2	8	4	9	1	7	3
4	3	8	5	7	1	6	2	9
6	4	3	1	8	2	5	9	7
2	9	5	7	3	6	4	1	8
8	1	7	4	9	5	2	3	6
3	5	6	9	1	4	7	8	2
9	8	1	2	5	7	3	6	4
7	2	4	3	6	8	9	5	1

6	9	3	4	5	2	7	1	8
8	5	1	9	7	6	2	3	4
7	2	4	8	3	1	9	6	5
3	7	6	5	1	8	4	9	2
4	1	2	7	6	9	5	8	3
5	8	9	3	2	4	1	7	6
9	4	5	6	8	7	3	2	1
2	3	8	1	9	5	6	4	7
1	6	7	2	4	3	8	5	9

6	5	3	8	7	1	2	9	4
7	8	2	9	4	6	5	3	1
9	1	4	3	2	5	6	8	7
5	4	1	6	8	7	3	2	9
8	3	9	4	5	2	1	7	6
2	6	7	1	9	3	8	4	5
3	7	8	5	6	9	4	1	2
4	9	5	2	1	8	7	6	3
1	2	6	7	3	4	9	5	8

3	2	8	7	1	4	9	6	5
4	1	5	6	9	8	7	2	3
7	9	6	3	2	5	1	4	8
5	4	9	1	3	2	6	8	7
8	6	2	4	5	7	3	9	1
1	7	3	8	6	9	4	5	2
2	8	7	9	4	3	5	1	6
6	3	4	5	8	1	2	7	9
9	5	1	2	7	6	8	3	4

8	9	4	7	6	3	1	2	5
7	1	2	5	9	8	3	4	6
3	5	6	4	2	1	8	9	7
1	3	7	9	4	5	6	8	2
4	6	5	3	8	2	9	7	1
9	2	8	1	7	6	4	5	3
5	8	3	2	1	4	7	6	9
2	4	9	6	3	7	5	1	8
6	7	1	8	5	9	2	3	4

1	5	2	7	4	6	8	9	3
8	9	4	2	5	3	7	1	6
7	3	6	8	1	9	4	5	2
2	4	5	3	7	1	6	8	9
6	1	7	4	9	8	3	2	5
3	8	9	6	2	5	1	4	7
5	7	1	9	3	4	2	6	8
9	2	8	1	6	7	5	3	4
4	6	3	5	8	2	9	7	1

9	4	7	6	3	8	1	5	2
2	1	6	5	4	9	3	7	8
8	5	3	2	7	1	6	4	9
3	8	1	9	6	5	4	2	7
4	7	2	1	8	3	5	9	6
6	9	5	7	2	4	8	1	3
1	6	9	3	5	7	2	8	4
7	3	4	8	1	2	9	6	5
5	2	8	4	9	6	7	3	1

7	8	1	4	9	3	2	6	5
5	4	2	7	8	6	9	1	3
3	9	6	1	5	2	8	7	4
8	2	7	5	1	4	3	9	6
1	5	9	3	6	8	4	2	7
6	3	4	2	7	9	1	5	8
4	7	3	6	2	1	5	8	9
2	6	8	9	3	5	7	4	1
9	1	5	8	4	7	6	3	2

6	9	7	4	2	5	3	8	1
2	3	4	9	8	1	5	6	7
5	1	8	3	6	7	9	2	4
3	8	1	7	4	2	6	5	9
9	5	2	1	3	6	7	4	8
4	7	6	8	5	9	1	3	2
7	2	5	6	1	4	8	9	3
8	6	9	2	7	3	4	1	5
1	4	3	5	9	8	2	7	6

9	6	7	2	3	5	4	1	8
3	1	8	6	9	4	7	2	5
4	2	5	8	7	1	6	9	3
6	3	1	7	4	2	8	5	9
8	7	9	3	5	6	2	4	1
2	5	4	9	1	8	3	7	6
1	4	2	5	6	3	9	8	7
5	9	3	4	8	7	1	6	2
7	8	6	1	2	9	5	3	4

2	9	1	5	4	7	6	3	8
8	5	6	9	3	2	1	4	7
4	7	3	6	1	8	2	9	5
5	2	4	7	6	1	9	8	3
3	8	9	2	5	4	7	6	1
1	6	7	8	9	3	5	2	4
7	4	8	1	2	9	3	5	6
9	1	5	3	8	6	4	7	2
6	3	2	4	7	5	8	1	9

2	7	5	6	1	9	8	3	4
8	9	1	7	3	4	6	2	5
3	6	4	5	2	8	9	7	1
7	4	8	9	6	3	5	1	2
6	1	3	2	4	5	7	9	8
9	5	2	8	7	1	3	4	6
4	8	9	3	5	2	1	6	7
5	2	6	1	9	7	4	8	3
1	3	7	4	8	6	2	5	9

2	4	1	9	7	6	3	5	8
5	6	7	3	1	8	4	2	9
9	8	3	2	5	4	6	7	1
4	7	2	5	6	9	1	8	3
8	1	6	7	4	3	5	9	2
3	9	5	1	8	2	7	6	4
6	3	8	4	2	5	9	1	7
7	5	4	8	9	1	2	3	6
1	2	9	6	3	7	8	4	5

8	3	5	9	4	2	6	7	1
7	6	2	1	5	3	9	8	4
9	4	1	8	7	6	3	2	5
4	7	9	5	2	8	1	3	6
1	8	3	4	6	9	2	5	7
5	2	6	3	1	7	8	4	9
2	5	4	6	8	1	7	9	3
6	9	7	2	3	4	5	1	8
3	1	8	7	9	5	4	6	2

8	2	7	1	4	9	6	5	3
9	1	6	5	3	2	7	4	8
5	3	4	6	8	7	9	1	2
2	7	9	8	1	4	3	6	5
1	6	8	2	5	3	4	9	7
3	4	5	9	7	6	2	8	1
7	8	2	4	6	5	1	3	9
6	5	3	7	9	1	8	2	4
4	9	1	3	2	8	5	7	6

7	4	1	3	6	5	8	2	9
9	6	8	7	4	2	1	5	3
5	2	3	1	8	9	6	7	4
2	7	5	8	1	3	9	4	6
4	3	9	6	5	7	2	1	8
8	1	6	2	9	4	5	3	7
6	5	4	9	7	1	3	8	2
1	9	2	4	3	8	7	6	5
3	8	7	5	2	6	4	9	1

2	5	1	9	7	3	4	6	8
3	4	7	8	2	6	5	9	1
9	8	6	1	5	4	3	7	2
5	7	3	6	8	2	1	4	9
8	9	4	3	1	5	7	2	6
1	6	2	4	9	7	8	5	3
6	3	5	2	4	1	9	8	7
4	1	8	7	6	9	2	3	5
7	2	9	5	3	8	6	1	4

5	6	7	9	1	2	4	8	3
9	4	1	3	5	8	7	6	2
8	2	3	7	6	4	1	9	5
6	7	5	8	4	1	2	3	9
2	3	4	6	9	7	8	5	1
1	8	9	2	3	5	6	4	7
7	9	8	4	2	3	5	1	6
4	1	6	5	7	9	3	2	8
3	5	2	1	8	6	9	7	4

7	5	1	2	4	8	6	9	3
3	6	8	1	9	7	2	4	5
2	9	4	5	6	3	8	7	1
9	8	6	3	1	4	7	5	2
4	7	5	9	8	2	3	1	6
1	3	2	6	7	5	4	8	9
8	1	9	4	3	6	5	2	7
6	2	7	8	5	9	1	3	4
5	4	3	7	2	1	9	6	8

9	1	8	6	2	5	4	7	3
7	6	3	9	4	1	8	2	5
5	4	2	3	8	7	1	6	9
4	8	5	2	9	3	6	1	7
1	2	7	8	5	6	3	9	4
6	3	9	7	1	4	5	8	2
3	9	1	4	7	8	2	5	6
2	5	4	1	6	9	7	3	8
8	7	6	5	3	2	9	4	1

9	8	1	6	7	3	4	5	2
3	7	5	8	4	2	1	9	6
2	4	6	9	1	5	3	7	8
4	6	8	7	2	9	5	1	3
1	3	2	4	5	6	7	8	9
7	5	9	3	8	1	6	2	4
5	9	7	2	3	4	8	6	1
6	1	3	5	9	8	2	4	7
8	2	4	1	6	7	9	3	5

6	7	4	3	9	1	8	2	5
5	3	8	7	2	6	4	9	1
1	2	9	5	4	8	3	6	7
4	5	3	1	7	2	6	8	9
8	6	7	9	3	5	2	1	4
9	1	2	6	8	4	5	7	3
3	8	5	2	1	7	9	4	6
7	4	6	8	5	9	1	3	2
2	9	1	4	6	3	7	5	8

8	9	2	5	6	4	3	7	1
4	6	3	2	7	1	5	8	9
5	1	7	3	8	9	2	6	4
2	5	9	8	3	7	1	4	6
3	4	8	1	9	6	7	2	5
1	7	6	4	2	5	9	3	8
7	8	4	9	1	2	6	5	3
6	3	1	7	5	8	4	9	2
9	2	5	6	4	3	8	1	7

1	7	8	5	4	6	9	3	2
2	9	3	8	7	1	4	6	5
4	6	5	3	9	2	8	7	1
6	4	2	9	5	3	1	8	7
7	8	9	6	1	4	2	5	3
5	3	1	2	8	7	6	9	4
8	5	4	7	2	9	3	1	6
3	1	7	4	6	8	5	2	9
9	2	6	1	3	5	7	4	8

1	4	9	2	6	7	8	3	5
3	6	2	9	8	5	7	4	1
5	7	8	4	1	3	6	9	2
6	5	4	8	7	9	1	2	3
8	3	1	5	2	6	4	7	9
2	9	7	1	3	4	5	6	8
9	8	6	3	4	1	2	5	7
7	1	5	6	9	2	3	8	4
4	2	3	7	5	8	9	1	6

2	1	3	7	4	5	9	6	8
6	8	7	1	3	9	4	2	5
4	9	5	8	2	6	1	3	7
5	2	1	4	6	8	7	9	3
8	6	9	3	7	1	2	5	4
3	7	4	5	9	2	8	1	6
7	5	8	9	1	3	6	4	2
1	4	6	2	5	7	3	8	9
9	3	2	6	8	4	5	7	1

8	6	5	4	1	9	2	7	3
2	3	9	8	6	7	1	4	5
4	1	7	5	3	2	9	6	8
3	7	1	2	4	6	5	8	9
9	4	2	1	5	8	7	3	6
5	8	6	9	7	3	4	1	2
7	5	8	6	2	4	3	9	1
6	2	3	7	9	1	8	5	4
1	9	4	3	8	5	6	2	7

9	5	3	7	1	8	2	6	4
7	1	6	2	4	3	8	9	5
8	2	4	6	5	9	1	3	7
3	6	8	5	7	2	9	4	1
2	4	1	3	9	6	5	7	8
5	9	7	1	8	4	3	2	6
1	7	2	4	3	5	6	8	9
6	8	5	9	2	7	4	1	3
4	3	9	8	6	1	7	5	2

3	9	4	2	8	6	5	7	1
1	5	2	9	7	4	3	8	6
7	6	8	3	5	1	4	9	2
5	2	9	8	6	3	1	4	7
8	7	6	1	4	9	2	5	3
4	1	3	7	2	5	8	6	9
2	4	1	5	9	7	6	3	8
9	8	5	6	3	2	7	1	4
6	3	7	4	1	8	9	2	5

2	8	1	4	5	9	3	7	6
9	3	7	2	6	8	5	4	1
5	6	4	1	3	7	9	8	2
3	7	2	5	4	1	8	6	9
8	5	9	3	7	6	1	2	4
1	4	6	8	9	2	7	3	5
4	9	3	6	8	5	2	1	7
6	1	5	7	2	3	4	9	8
7	2	8	9	1	4	6	5	3

4	7	2	6	1	9	5	3	8
5	9	3	8	2	7	1	6	4
6	8	1	4	3	5	7	9	2
2	3	7	1	4	8	9	5	6
1	5	6	2	9	3	8	4	7
9	4	8	5	7	6	3	2	1
8	6	4	3	5	1	2	7	9
7	2	5	9	8	4	6	1	3
3	1	9	7	6	2	4	8	5

2	7	4	9	3	8	5	1	6
3	9	1	2	6	5	4	8	7
6	8	5	4	1	7	9	2	3
4	6	2	5	7	9	8	3	1
5	3	8	1	4	6	2	7	9
9	1	7	8	2	3	6	4	5
1	5	9	3	8	4	7	6	2
7	4	3	6	9	2	1	5	8
8	2	6	7	5	1	3	9	4

6	5	9	3	8	2	1	4	7
3	2	1	5	4	7	6	9	8
8	4	7	9	6	1	5	3	2
9	3	4	7	2	5	8	1	6
5	6	8	1	9	4	7	2	3
7	1	2	6	3	8	4	5	9
2	8	6	4	1	9	3	7	5
1	9	5	8	7	3	2	6	4
4	7	3	2	5	6	9	8	1

4	1	6	9	3	5	2	7	8
9	8	7	1	2	4	3	6	5
2	5	3	6	8	7	9	4	1
8	6	4	2	7	1	5	3	9
1	7	9	5	6	3	4	8	2
5	3	2	8	4	9	7	1	6
6	4	8	3	9	2	1	5	7
7	2	1	4	5	6	8	9	3
3	9	5	7	1	8	6	2	4

1	2	4	3	9	5	8	7	6
8	5	9	1	7	6	2	3	4
3	6	7	4	8	2	5	1	9
5	8	3	9	4	7	6	2	1
7	9	6	2	1	8	3	4	5
2	4	1	5	6	3	9	8	7
9	7	8	6	2	1	4	5	3
4	1	5	8	3	9	7	6	2
6	3	2	7	5	4	1	9	8

8	1	4	3	6	9	5	2	7
7	6	5	8	4	2	3	9	1
3	2	9	1	7	5	4	8	6
1	4	6	2	8	3	7	5	9
5	7	3	9	1	4	8	6	2
2	9	8	7	5	6	1	4	3
6	3	7	4	2	8	9	1	5
9	8	2	5	3	1	6	7	4
4	5	1	6	9	7	2	3	8

9	2	4	3	7	5	6	8	1
8	3	1	2	4	6	5	9	7
7	5	6	1	9	8	4	3	2
1	9	8	6	5	2	7	4	3
6	7	2	8	3	4	9	1	5
3	4	5	7	1	9	2	6	8
2	6	7	9	8	3	1	5	4
5	1	3	4	6	7	8	2	9
4	8	9	5	2	1	3	7	6

1	5	2	6	4	9	3	7	8
4	8	7	1	2	3	6	5	9
6	9	3	7	8	5	2	1	4
2	6	8	9	7	1	4	3	5
3	1	4	5	6	8	7	9	2
5	7	9	2	3	4	8	6	1
7	3	5	4	9	2	1	8	6
9	4	6	8	1	7	5	2	3
8	2	1	3	5	6	9	4	7

7	1	9	4	8	5	2	6	3
6	5	2	7	1	3	8	4	9
3	4	8	2	9	6	7	5	1
4	7	5	3	2	8	9	1	6
2	8	1	6	5	9	4	3	7
9	6	3	1	4	7	5	2	8
8	3	7	5	6	4	1	9	2
1	9	4	8	3	2	6	7	5
5	2	6	9	7	1	3	8	4

7	9	1	4	5	3	6	2	8
6	3	4	2	9	8	7	1	5
8	5	2	1	7	6	9	3	4
3	4	7	8	1	2	5	9	6
1	6	8	5	3	9	2	4	7
9	2	5	7	6	4	1	8	3
5	1	3	9	4	7	8	6	2
2	7	6	3	8	1	4	5	9
4	8	9	6	2	5	3	7	1

9	5	8	6	1	3	7	2	4
7	6	2	5	4	8	1	9	3
4	1	3	2	7	9	6	5	8
2	3	5	9	6	7	4	8	1
1	8	4	3	5	2	9	6	7
6	9	7	1	8	4	5	3	2
5	4	6	8	3	1	2	7	9
8	7	9	4	2	6	3	1	5
3	2	1	7	9	5	8	4	6

7	1	4	5	9	8	3	6	2
3	5	8	2	1	6	7	9	4
2	9	6	4	7	3	5	8	1
9	8	2	3	5	1	6	4	7
5	7	3	8	6	4	2	1	9
4	6	1	9	2	7	8	3	5
6	3	5	7	4	9	1	2	8
1	2	9	6	8	5	4	7	3
8	4	7	1	3	2	9	5	6

9	4	5	6	2	7	8	1	3
8	3	7	1	4	5	9	6	2
1	2	6	8	9	3	4	5	7
7	5	2	4	8	6	1	3	9
3	1	4	7	5	9	2	8	6
6	9	8	3	1	2	7	4	5
4	7	9	5	6	8	3	2	1
2	6	1	9	3	4	5	7	8
5	8	3	2	7	1	6	9	4

7	4	9	1	5	6	8	2	3
3	8	6	7	2	9	5	4	1
2	5	1	8	4	3	7	9	6
1	7	2	3	6	8	9	5	4
8	3	4	2	9	5	6	1	7
9	6	5	4	7	1	2	3	8
5	1	8	9	3	7	4	6	2
4	9	7	6	1	2	3	8	5
6	2	3	5	8	4	1	7	9

5	6	9	4	2	8	7	3	1
1	8	2	3	7	9	4	6	5
4	7	3	5	1	6	2	8	9
9	2	7	6	3	4	1	5	8
6	5	1	9	8	7	3	4	2
8	3	4	1	5	2	6	9	7
7	4	6	2	9	5	8	1	3
2	1	5	8	6	3	9	7	4
3	9	8	7	4	1	5	2	6

1	8	7	2	3	4	9	6	5
9	3	2	6	1	5	7	4	8
4	5	6	9	7	8	1	3	2
5	2	3	7	8	1	6	9	4
6	4	1	5	9	2	3	8	7
7	9	8	4	6	3	5	2	1
8	1	5	3	4	6	2	7	9
2	6	9	8	5	7	4	1	3
3	7	4	1	2	9	8	5	6

2	8	5	6	9	4	1	3	7
6	9	1	2	3	7	8	4	5
3	7	4	5	8	1	2	9	6
8	2	6	3	7	9	4	5	1
4	3	7	1	2	5	6	8	9
1	5	9	4	6	8	7	2	3
7	1	3	8	5	2	9	6	4
5	4	8	9	1	6	3	7	2
9	6	2	7	4	3	5	1	8

6	4	9	2	8	1	5	3	7
3	1	8	7	5	6	2	4	9
2	7	5	3	4	9	6	8	1
9	3	6	1	2	4	8	7	5
5	2	4	6	7	8	9	1	3
7	8	1	9	3	5	4	6	2
8	9	2	4	1	3	7	5	6
1	5	7	8	6	2	3	9	4
4	6	3	5	9	7	1	2	8

7	2	1	6	4	8	9	3	5
4	6	9	1	5	3	7	2	8
8	5	3	2	7	9	4	6	1
1	7	6	8	9	4	2	5	3
9	3	5	7	2	1	6	8	4
2	4	8	3	6	5	1	9	7
3	8	2	9	1	7	5	4	6
6	1	4	5	3	2	8	7	9
5	9	7	4	8	6	3	1	2

2	6	7	8	9	5	4	3	1
3	8	9	2	4	1	6	5	7
4	1	5	7	6	3	8	9	2
9	2	3	4	7	8	1	6	5
7	5	8	9	1	6	3	2	4
1	4	6	3	5	2	9	7	8
5	3	2	6	8	4	7	1	9
6	7	4	1	2	9	5	8	3
8	9	1	5	3	7	2	4	6

5	1	6	4	8	2	7	3	9
2	9	7	5	1	3	4	6	8
3	4	8	9	6	7	1	2	5
7	2	1	6	4	8	9	5	3
8	3	9	1	2	5	6	7	4
6	5	4	3	7	9	8	1	2
1	6	3	2	9	4	5	8	7
9	7	2	8	5	6	3	4	1
4	8	5	7	3	1	2	9	6

8	1	3	4	6	2	5	7	9
6	2	9	7	1	5	3	8	4
7	4	5	3	8	9	6	2	1
4	7	2	1	5	3	8	9	6
9	5	6	8	7	4	2	1	3
1	3	8	2	9	6	7	4	5
2	9	4	5	3	8	1	6	7
5	8	7	6	4	1	9	3	2
3	6	1	9	2	7	4	5	8

6	5	8	4	7	1	9	2	3
4	1	2	8	9	3	7	5	6
7	9	3	2	5	6	1	4	8
3	6	4	9	2	8	5	7	1
9	2	7	6	1	5	8	3	4
1	8	5	7	3	4	6	9	2
8	3	6	5	4	9	2	1	7
5	7	1	3	8	2	4	6	9
2	4	9	1	6	7	3	8	5

4	1	2	9	7	5	6	8	3
3	7	9	1	6	8	4	5	2
5	8	6	4	2	3	9	1	7
1	3	8	5	4	2	7	9	6
6	2	5	7	1	9	8	3	4
7	9	4	3	8	6	1	2	5
8	5	3	6	9	4	2	7	1
2	6	1	8	5	7	3	4	9
9	4	7	2	3	1	5	6	8

4	3	2	8	5	6	9	7	1
5	9	1	7	2	4	3	6	8
7	8	6	9	1	3	2	5	4
2	5	8	4	6	1	7	3	9
1	7	9	2	3	8	5	4	6
6	4	3	5	7	9	1	8	2
9	1	4	3	8	5	6	2	7
8	2	5	6	9	7	4	1	3
3	6	7	1	4	2	8	9	5

7	5	9	8	2	4	3	1	6
8	3	6	7	5	1	4	2	9
1	2	4	9	3	6	7	5	8
4	8	2	5	1	9	6	7	3
6	1	5	3	7	8	2	9	4
3	9	7	4	6	2	1	8	5
5	7	8	2	4	3	9	6	1
2	6	3	1	9	5	8	4	7
9	4	1	6	8	7	5	3	2

4	5	8	3	9	6	7	2	1
3	7	9	2	5	1	4	6	8
2	6	1	8	7	4	5	3	9
5	4	6	1	2	7	8	9	3
7	9	2	5	3	8	6	1	4
8	1	3	4	6	9	2	7	5
1	3	7	6	8	5	9	4	2
9	8	4	7	1	2	3	5	6
6	2	5	9	4	3	1	8	7

8	2	5	6	1	7	4	3	9
1	4	3	5	9	8	2	7	6
9	6	7	3	4	2	8	5	1
6	8	2	4	3	9	7	1	5
4	5	1	2	7	6	9	8	3
7	3	9	1	8	5	6	2	4
5	7	6	9	2	3	1	4	8
2	9	4	8	5	1	3	6	7
3	1	8	7	6	4	5	9	2

1	7	8	9	5	2	6	3	4
4	3	2	8	6	7	9	1	5
5	6	9	4	3	1	7	2	8
8	5	6	3	7	4	2	9	1
9	4	3	2	1	5	8	7	6
7	2	1	6	9	8	4	5	3
6	9	5	7	8	3	1	4	2
2	1	7	5	4	6	3	8	9
3	8	4	1	2	9	5	6	7

4	7	1	3	9	2	8	6	5
5	9	8	1	4	6	3	7	2
3	6	2	5	8	7	9	1	4
1	8	5	9	2	4	6	3	7
9	3	6	8	7	5	2	4	1
7	2	4	6	3	1	5	8	9
8	4	7	2	5	3	1	9	6
6	5	3	4	1	9	7	2	8
2	1	9	7	6	8	4	5	3

9	7	3	2	4	5	6	1	8
6	5	8	7	1	3	2	4	9
2	4	1	9	8	6	5	3	7
5	1	6	4	9	7	8	2	3
7	3	2	5	6	8	4	9	1
4	8	9	1	3	2	7	5	6
8	9	5	6	2	1	3	7	4
3	2	4	8	7	9	1	6	5
1	6	7	3	5	4	9	8	2

9	6	1	4	3	8	2	7	5
3	4	8	2	7	5	9	6	1
7	2	5	6	1	9	8	3	4
8	1	7	9	4	3	5	2	6
2	3	9	7	5	6	1	4	8
6	5	4	8	2	1	7	9	3
5	9	2	1	6	4	3	8	7
4	7	3	5	8	2	6	1	9
1	8	6	3	9	7	4	5	2

3	1	5	8	9	7	4	2	6
9	8	4	2	5	6	7	1	3
2	7	6	3	1	4	8	5	9
7	6	3	1	4	5	9	8	2
8	2	1	6	3	9	5	4	7
5	4	9	7	8	2	6	3	1
1	5	2	9	6	8	3	7	4
6	3	8	4	7	1	2	9	5
4	9	7	5	2	3	1	6	8

2	4	1	8	5	7	6	3	9
3	8	6	2	4	9	7	1	5
9	5	7	6	1	3	4	8	2
5	9	4	3	2	8	1	7	6
7	6	8	5	9	1	3	2	4
1	3	2	4	7	6	9	5	8
6	1	9	7	8	5	2	4	3
4	7	5	9	3	2	8	6	1
8	2	3	1	6	4	5	9	7

2	5	4	8	6	9	3	1	7
1	8	6	7	2	3	9	4	5
7	3	9	1	4	5	8	2	6
6	7	8	4	9	1	2	5	3
4	2	3	5	8	7	6	9	1
9	1	5	2	3	6	7	8	4
5	9	1	3	7	2	4	6	8
3	4	2	6	1	8	5	7	9
8	6	7	9	5	4	1	3	2

5	8	4	1	7	6	3	9	2
2	9	7	3	5	4	6	8	1
3	6	1	8	2	9	5	4	7
6	2	8	7	1	3	9	5	4
1	5	3	9	4	8	7	2	6
4	7	9	2	6	5	8	1	3
9	4	6	5	3	1	2	7	8
8	3	2	4	9	7	1	6	5
7	1	5	6	8	2	4	3	9

6	1	4	2	7	3	8	9	5
9	2	7	6	5	8	3	1	4
8	5	3	4	9	1	2	7	6
2	9	8	1	6	7	5	4	3
3	4	1	9	8	5	7	6	2
5	7	6	3	2	4	1	8	9
4	3	2	8	1	6	9	5	7
1	6	5	7	3	9	4	2	8
7	8	9	5	4	2	6	3	1

7	5	9	8	6	1	4	2	3
1	2	4	9	5	3	7	6	8
3	8	6	2	7	4	9	5	1
8	1	2	7	3	9	5	4	6
4	7	3	5	2	6	8	1	9
6	9	5	1	4	8	3	7	2
2	3	1	4	9	7	6	8	5
5	6	7	3	8	2	1	9	4
9	4	8	6	1	5	2	3	7

3	5	2	4	8	7	9	6	1
6	7	9	1	5	3	4	2	8
1	4	8	6	9	2	3	5	7
5	8	7	3	1	9	6	4	2
9	6	4	7	2	8	1	3	5
2	1	3	5	4	6	8	7	9
8	9	6	2	3	5	7	1	4
7	2	1	8	6	4	5	9	3
4	3	5	9	7	1	2	8	6

2	3	6	8	9	5	7	1	4
4	9	1	7	6	2	8	5	3
5	8	7	1	4	3	2	9	6
1	4	9	2	8	7	6	3	5
6	2	3	4	5	9	1	8	7
8	7	5	6	3	1	4	2	9
7	5	8	9	1	4	3	6	2
9	6	2	3	7	8	5	4	1
3	1	4	5	2	6	9	7	8

4	6	7	5	1	2	3	8	9
9	5	1	3	7	8	2	4	6
2	3	8	9	4	6	1	7	5
7	8	9	1	6	4	5	2	3
1	4	5	2	3	7	9	6	8
6	2	3	8	9	5	4	1	7
5	7	4	6	2	9	8	3	1
8	1	6	4	5	3	7	9	2
3	9	2	7	8	1	6	5	4

3	2	6	4	7	5	9	1	8
4	5	7	8	1	9	6	2	3
1	8	9	3	6	2	5	7	4
5	4	8	1	2	3	7	6	9
9	7	3	5	4	6	1	8	2
6	1	2	7	9	8	4	3	5
8	3	1	9	5	7	2	4	6
7	6	5	2	8	4	3	9	1
2	9	4	6	3	1	8	5	7

5	4	3	7	1	2	6	8	9
1	6	2	9	8	4	7	3	5
8	7	9	6	5	3	1	4	2
3	5	4	8	6	1	9	2	7
7	8	1	4	2	9	5	6	3
2	9	6	5	3	7	4	1	8
9	3	7	2	4	6	8	5	1
4	1	5	3	9	8	2	7	6
6	2	8	1	7	5	3	9	4

9	3	6	8	1	5	7	2	4
8	1	2	7	9	4	5	6	3
5	7	4	2	6	3	1	8	9
3	2	5	4	7	1	6	9	8
7	6	8	5	2	9	3	4	1
1	4	9	3	8	6	2	5	7
6	8	3	9	5	7	4	1	2
2	5	7	1	4	8	9	3	6
4	9	1	6	3	2	8	7	5

3	4	1	2	9	5	8	6	7
5	9	8	7	6	1	4	3	2
6	7	2	8	4	3	9	5	1
4	6	5	9	7	8	1	2	3
2	1	3	4	5	6	7	8	9
9	8	7	3	1	2	6	4	5
1	2	9	5	8	4	3	7	6
8	5	6	1	3	7	2	9	4
7	3	4	6	2	9	5	1	8

1	4	6	8	2	9	5	7	3
2	5	7	4	6	3	9	8	1
9	3	8	1	7	5	4	6	2
7	9	5	6	1	2	8	3	4
8	2	1	7	3	4	6	5	9
4	6	3	9	5	8	1	2	7
6	7	4	3	8	1	2	9	5
5	8	9	2	4	7	3	1	6
3	1	2	5	9	6	7	4	8

8	5	7	6	9	3	1	2	4
4	2	9	1	5	7	3	6	8
3	1	6	4	8	2	7	9	5
6	8	1	9	7	4	5	3	2
5	7	3	2	6	8	4	1	9
9	4	2	3	1	5	6	8	7
7	6	8	5	3	9	2	4	1
1	9	4	7	2	6	8	5	3
2	3	5	8	4	1	9	7	6

7	8	2	6	5	9	4	3	1
9	3	4	8	7	1	5	2	6
5	1	6	3	4	2	7	9	8
1	6	8	2	9	7	3	5	4
3	4	9	1	8	5	6	7	2
2	5	7	4	6	3	8	1	9
4	9	5	7	2	8	1	6	3
8	2	1	5	3	6	9	4	7
6	7	3	9	1	4	2	8	5

9	4	2	7	8	1	5	6	3
7	6	1	5	2	3	9	8	4
8	5	3	6	9	4	1	7	2
6	1	7	3	5	2	4	9	8
4	2	8	9	7	6	3	5	1
5	3	9	4	1	8	7	2	6
2	7	4	8	3	9	6	1	5
1	9	6	2	4	5	8	3	7
3	8	5	1	6	7	2	4	9

5	2	1	7	3	8	4	9	6
7	6	9	5	4	2	1	8	3
4	3	8	9	6	1	5	7	2
3	1	6	8	5	9	7	2	4
8	4	2	6	1	7	9	3	5
9	7	5	4	2	3	8	6	1
6	5	7	3	8	4	2	1	9
1	8	3	2	9	5	6	4	7
2	9	4	1	7	6	3	5	8

2	6	8	7	9	5	3	4	1
4	1	5	3	2	8	7	6	9
3	9	7	4	1	6	8	5	2
5	4	1	9	8	7	6	2	3
9	2	3	5	6	4	1	7	8
8	7	6	1	3	2	5	9	4
6	3	4	8	7	9	2	1	5
7	8	9	2	5	1	4	3	6
1	5	2	6	4	3	9	8	7

8	1	5	9	7	3	2	4	6
7	6	3	2	4	5	1	9	8
4	9	2	1	8	6	7	3	5
6	4	8	5	9	1	3	7	2
9	2	7	8	3	4	5	6	1
3	5	1	7	6	2	4	8	9
1	7	6	3	2	9	8	5	4
5	8	9	4	1	7	6	2	3
2	3	4	6	5	8	9	1	7

9	5	2	7	6	8	1	4	3
7	1	3	4	9	2	6	8	5
4	8	6	1	5	3	9	7	2
3	4	5	8	1	6	2	9	7
8	2	7	3	4	9	5	1	6
1	6	9	5	2	7	8	3	4
6	7	8	9	3	5	4	2	1
2	9	1	6	7	4	3	5	8
5	3	4	2	8	1	7	6	9

4	7	3	8	6	2	1	5	9
1	8	2	7	9	5	3	4	6
9	6	5	4	1	3	7	2	8
2	4	6	1	3	8	9	7	5
8	1	9	5	7	6	4	3	2
5	3	7	9	2	4	8	6	1
3	9	8	2	5	7	6	1	4
6	5	4	3	8	1	2	9	7
7	2	1	6	4	9	5	8	3

9	4	2	5	1	3	7	6	8
3	5	6	2	8	7	1	4	9
1	8	7	6	9	4	5	3	2
8	6	5	3	4	2	9	1	7
4	2	9	1	7	8	3	5	6
7	1	3	9	6	5	2	8	4
5	7	1	8	2	6	4	9	3
2	9	8	4	3	1	6	7	5
6	3	4	7	5	9	8	2	1